中华医学会灾难医学分会科普教育图书

图说灾难逃生自救丛书

核与辐射事故

丛书主编　刘中民

分册主编　刘励军

绘　图

11m数字出版

人民卫生出版社

图书在版编目（CIP）数据

核与辐射事故 / 刘励军主编 . —北京：人民卫生出版社，2013

（图说灾难逃生自救丛书）

ISBN 978-7-117-18945-3

I. ①核… Ⅱ. ①刘… Ⅲ. ①放射性事故 – 自救互救 – 图解 Ⅳ. ①TL73-64

中国版本图书馆 CIP 数据核字（2014）第 172429 号

| 人卫社官网 | www.pmph.com | 出版物查询，在线购书 |
| 人卫医学网 | www.ipmph.com | 医学考试辅导，医学数据库服务，医学教育资源，大众健康资讯 |

图说灾难逃生自救丛书

核与辐射事故

主　　编：刘励军
出版发行：人民卫生出版社（中继线 010-59780011）
地　　址：北京市朝阳区潘家园南里 19 号
邮　　编：100021
E - mail：pmph @ pmph.com
购书热线：010-59787592　010-59787584　010-65264830
印　　刷：北京铭成印刷有限公司
经　　销：新华书店
开　　本：710 × 1000　1/16　印张：4.5
字　　数：86 千字
版　　次：2014 年 9 月第 1 版　2019 年 2 月第 1 版第 3 次印刷
标准书号：ISBN 978-7-117-18945-3/R · 18946
定　　价：27.00 元

打击盗版举报电话：010-59787491　E-mail：WQ @ pmph.com
（凡属印装质量问题请与本社市场营销中心联系退换）

丛书编委会

正确看待核能，了解核能风险。

掌握基本技能，理智应对核难。

我国地域辽阔，人口众多。地震、洪灾、干旱、台风及泥石流等自然灾难经常发生。随着社会与经济的发展，灾难谱也有所扩大。除了上述自然灾难外，日常生产、生活中的交通事故、火灾、矿难及群体中毒等人为灾难也常有发生。中国已成为继日本和美国之后，世界上第三个自然灾难损失严重的国家。各种重大灾难，都会造成大量人员伤亡和巨大经济损失。可见，灾难离我们并不遥远，甚至可以说，很多灾难就在我们每个人的身边。因此，人人都应全力以赴，为防灾、减灾、救灾作出自己的贡献成为社会发展的必然。

灾难医学救援强调和重视"三分提高、七分普及"的原则。当灾难发生时，尤其是在大范围受灾的情况下，往往没有即刻的、足够的救援人员和装备可以依靠，加之专业救援队伍的到来时间会受交通、地域、天气等诸多因素的影响，难以在救援的早期实施有效救助。即使专业救援队伍到达非常迅速，也不如身处现场的人民群众积极科学地自救互救来得及时。

为此，中华医学会灾难医学分会一批有志于投身救援知识普及工作的专家，受人民卫生出版社之邀，编写这套《图说灾难逃生自救丛书》，本丛书以言简意赅、通俗易懂、老少咸宜的风格，介绍我国常见灾难的医学救援基本技术和方法，以馈全国读者。希望这套丛书能对我国的防灾、减灾、救灾工作起到促进和推动作用。

刘中民 教授

同济大学附属上海东方医院院长

中华医学会灾难医学分会主任委员

2013 年 4 月 22 日

序 二

　　我国现代灾难医学救援提倡"三七分"的理论：三分救援，七分自救；三分急救，七分预防；三分业务，七分管理；三分战时，七分平时；三分提高，七分普及；三分研究，七分教育。灾难救援强调和重视"三分提高、七分普及"的原则，即要以三分的力量关注灾难医学专业学术水平的提高，以七分的努力向广大群众宣传普及灾难救生知识。以七分普及为基础，让广大民众参与灾难救援，这是灾难医学事业发展之必然。也就是说，灾难现场的人民群众迅速、充分地组织调动起来，在第一时间展开救助，充分发挥其在时间、地点、人力及熟悉周围环境的优越性，在最短时间内因人而异、因地制宜地最大程度保护自己、解救他人，方能有效弥补专业救援队的不足，最大程度减少灾难造成的伤亡和损失。

　　为做好灾难医学救援的科学普及教育工作，中华医学会灾难医学分会的一批中青年专家，结合自己的专业实践经验编写了这套丛书，我有幸先睹为快。丛书目前共有 15 个分册，分别对我国常见灾难的医学救援方法和技巧做了简要介绍，是一套图文并茂、通俗易懂的灾难自救互救科普丛书，特向全国读者推荐。

王一镗

南京医科大学终身教授

中华医学会灾难医学分会名誉主任委员

2013 年 4 月 22 日

　　核能是人类科学进步的重要成果，除了在军事方面的用途外，核能已经广泛应用于工业、农业和医药卫生等行业。它犹如一把双刃剑，在造福人类的同时，也存在潜在的安全隐患。

　　给人类造成严重灾难性后果的核事件有很多，日本长崎和广岛原子弹爆炸、苏联切尔诺贝利核事故以及日本福岛核事故都让人们记忆犹新。除了这些灾难性的核事件外，放射性物质的丢失、核恐怖袭击在世界范围内也时有发生，威胁着人们的生命和健康。

　　核突发事件往往有着很大的突发性，加之各种损伤射线看不见、摸不着的特性，如果公众缺乏核辐射损伤知识，一旦发生核事件，人们不仅不能自救和他救，而且更易造成广泛的社会恐慌和心理障碍。

　　面对突如其来的核突发事件，如何进行自我保护？如何正确避难？如何展开自救和等待救援？这些常识和基本技能技巧是面对核灾难时避险逃生的基本保障。故此，我们精心编写了《图说灾难逃生自救丛书：核与辐射事故》分册，目的就是让公众学习了解核突发事件相关知识，掌握逃生避险、自救互救的知识与方法。

　　祝愿我们永远拥有和平、祥和的社会。

刘励军

核工业总医院

苏州大学附属第二医院

2014 年 3 月 21 日

百科知识

可怕的原子弹

1945年8月6日9点14分17秒,美国在日本广岛投放原子弹。1分钟后,原子弹在离地600米的空中爆炸,立即发出令人目眩的强烈的白色闪光,广岛市中心上空随即发生震耳欲聋的大爆炸。顷刻之间,城市突然卷起巨大的蘑菇状烟云,接着便竖起几百根火柱,广岛市马上沦为焦热的火海。

原子弹爆炸的强烈光波,使成千上万人双目失明;6000余摄氏度的高温,把一切都化为灰烬;放射雨使一些人在之后20年中缓慢地走向死亡;冲击波形成的狂风,又把所有的建筑物摧毁殆尽。处在爆心极点影响下的人和物,像原子分离那样分崩离析。离中心远一点的地方,可以看到在一刹那间被烧毁的人们的残骸。更远一些的地方,有些人虽还侥幸活着,但不是被严重烧伤,就是双目被烧成两个窟窿。在16千米以外的地方,人们仍然可以感到闷热的气流。

据统计,原子弹爆炸当日死亡8.8万余人,负伤和失踪5.1万余人,军人伤亡在4万人左右;建筑物全部毁坏的有4.8万幢,严重毁坏的有2.2万幢。

目 录

放射事故

哈尔滨放射性事故

2005 年,黑龙江省哈尔滨市居民白某在垃圾堆中拣到一块亮晶晶的金属,随即带回了家。他哪里知道,这块金属是强辐射源——铱-192。

和白某居住在一起的还有 18 户居民,其中有一位漂亮的小姑娘徐某。当时小姑娘年仅 13 岁,身体一直很健康。该年 6 月徐某突然发现手红肿,没过多久,指甲也开始变黑,身体越来越虚弱。紧接着,徐某的奶奶也出现了相同的症状。

徐某的父亲发现情况不对,找到了辐射监督管理站的专家到徐某和奶奶住的房子周围进行监测。结果发现,在他们居住的楼房的一楼有着强烈的辐射。辐射源来源于一楼的锅炉房,即白某家。

两个月的大剂量照射使得祖孙俩的造血功能遭到严重破坏。2005 年 10 月 20 号,徐某的奶奶在医院病逝,徐某也曾经被下达了 3 次病危通知书,居住在这里的 18 户居民被划在了辐射范围内。

辐射、核与放射病

　　我们生活在地球上，无时无刻不受到放射性物质的辐射。极少量的放射性照射对人体并无影响；少量的放射性照射对人体有所影响，但绝大多数能够恢复；只有当一次性接受大剂量放射性照射时，才会对人体产生严重的损伤，甚至死亡。核武器可以一次性造成大批人员死亡和建筑物毁灭，宛如世界末日来临。因此，了解放射性物质对人体的伤害，有助于放射性安全工作的开展。

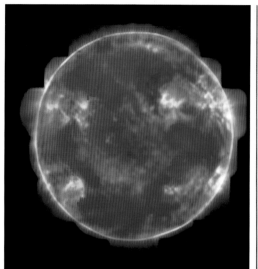

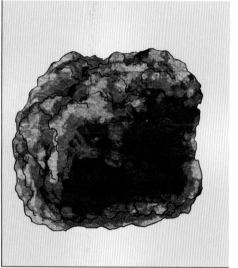

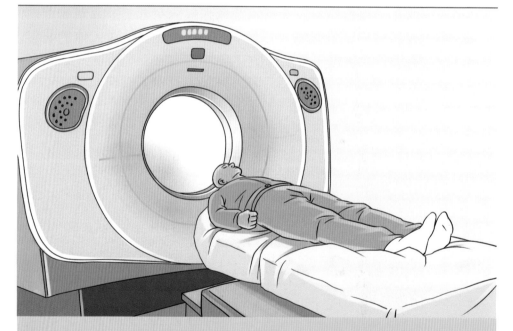

　　辐射指的是能量以电磁波或粒子(如 α 粒子、β 粒子等)的形式向外扩散。辐射按其来源可以分为两大类:天然辐射和人工辐射。

　　天然辐射主要有三种来源:宇宙射线、陆地辐射源和体内放射性物质。

　　人工辐射源包括用于医疗的放射性诊断与治疗的设备和药物(例如 X 线、放射性碘等)、核武器爆炸引起的核尘埃、核电站所使用的核反应堆等。

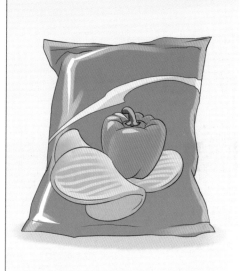

　　天然辐射在环境中的分布十分广泛。在岩石、土壤、空气、水、动植物、建筑材料、食品甚至人体内都有天然放射性核素的踪迹。生活在地球上，每个人都无法避免放射性照射。

　　据有关资料统计，天然辐射导致的个人年辐射剂量（又称为本底辐射），全球平均为 2.4 毫西弗，我国平均为 3.1 毫西弗。大量的流行病学调查结果表明，天然辐射水平对健康无影响。

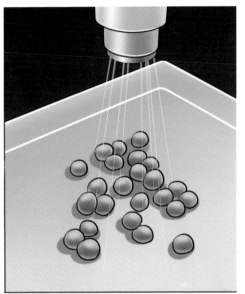
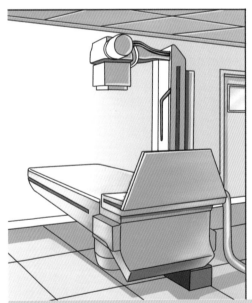

现代社会，人工辐射主要来自各行各业使用的核技术。核技术已在工农业生产、人民生活中发挥了巨大的作用，典型的例子就是核能发电。在医学上核技术可帮助医生诊断疾病和治疗疾病。在工业上，经射线照射的电缆绝缘性能、使用寿命显著提高。在农业上，核照射用于灭虫杀菌、食品保鲜和育种等。

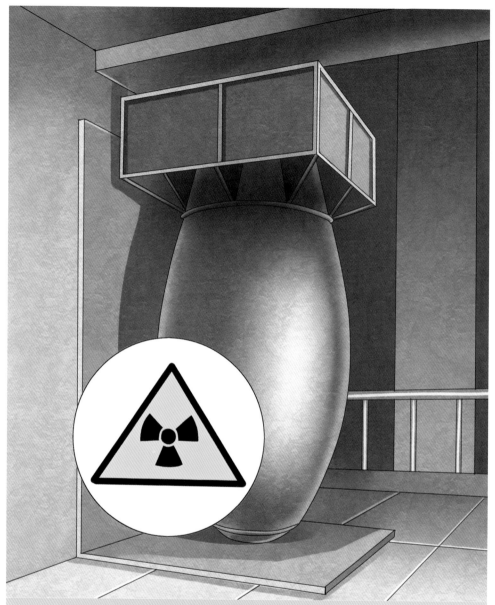

　　通常，射线并不可怕，只有在人体意外遭受过量的射线照射时才会产生伤害，使人致病、致癌和致死。无论医学、工业、军事等用途，合理使用放射性物质均是安全可靠的，一次小于0.1毫西弗的辐射对人体并无影响。

　　然而，有时会发生民用或工业核事故、核意外，对个人、群体造成伤害，核武器甚至威胁整个人类社会的安全。受照射时间越长，受到的辐射剂量就越大，危害也越大，一次性遭受4000毫西弗的辐射剂量就会致死。

原子弹是核能的一种应用，随着科技的进步，人们实现了可控的链式裂变反应。核爆炸时，巨大的能量在不到1秒钟的时间内释放出来，爆炸产生的高温高压气体强烈地向四周膨胀，压力波5秒钟就可以传播到远至2000米的地方，摧毁途经的一切，大量人员直接死于高压挤压，间接死于房屋倒塌。核爆炸时的火球使周围的空气温度高达几十万摄氏度，发射X射线、紫外线、红外线和可见光，如此骇人的高温辐射会把大部分物体烧焦、熔化。

　　"二战"后期，为迫使日本投降，美国于 1945 年 8 月 6 日在日本广岛投放原子弹"小男孩"，城市中心 12 平方千米内的建筑物全部被毁，全市房屋毁坏率达 70% 以上。据日本官方统计，本次事件死亡和失踪人数超过 7 万人。8 月 9 日美军又在日本长崎投放第二颗原子弹"胖子"，当时的长崎市人口有 24 万，战后估计因原子弹而死亡人数约达 14.9 万人，而建筑物约 36% 受到全面烧毁或破坏。

核事故和放射事故又称核能外泄，是指当核能装置发生故障时，释放出放射性物质到周围环境中，或放射性材料储存、使用及转运过程中所发生的放射性、毒害性、爆炸性事故。

核事故所产生的核能辐射远比核武器的威力小，辐射范围亦小，但有时也能造成一定程度的生物伤亡。

　　1986 年 4 月 26 日凌晨 1 点 23 分，苏联乌克兰境内的切尔诺贝利核电厂的第四号反应堆发生了爆炸。大量高能辐射物质释放到大气层中，这些放射性尘埃覆盖了大面积区域，辐射剂量是"二战"期间广岛原子弹爆炸辐射剂量的 400 倍以上。切尔诺贝利核事故是历史上最严重的核电事故，也是首例被国际核事件分级表评为第七级事件的特大事故。经济上，这场灾难总共损失大约两千亿美元，是近代历史中代价最"昂贵"的灾难事件。

　　苏联当局在事件发生之后 36 小时,就开始疏散住在切尔诺贝利核电站周围的居民。在 1986 年 5 月,即事件发生后 1 个月,约 11.6 万名住在核电站方圆 30 千米内的居民都被疏散至其他地区。然而,辐射所影响的范围其实超过方圆 30 千米。

　　切尔诺贝利核电站事故辐射危害严重,事故发生后前 3 个月内有 31 人死亡,之后 15 年内有 6 万 ~8 万人死亡,13.4 万人遭受不同程度的辐射疾病折磨。

切尔诺贝利核电站事故释放出来的放射性物质随大气扩散，造成大范围的污染。放射性物质沉降在苏联西部广大地区和欧洲国家，例如土耳其、希腊、摩尔多瓦、罗马尼亚、立陶宛、芬兰等国家。全球共有 20 亿人口受切尔诺贝利事故影响，27 万人因此患上癌症。

　　2011 年 3 月 11 日，日本宫城县东方外海发生 9.0 级的地震，地震引发海啸，海啸冲进福岛第一核电站，引起电路故障，进而造成一系列设备损毁、堆芯熔毁、辐射释放等灾害事件，为继 1986 年切尔诺贝利核电站事故以来最严重的核电事故。

　　2013 年 7 月 22 日，东京电力公司首次承认，福岛第一核电站附近被污染的地下水正渗漏入海。

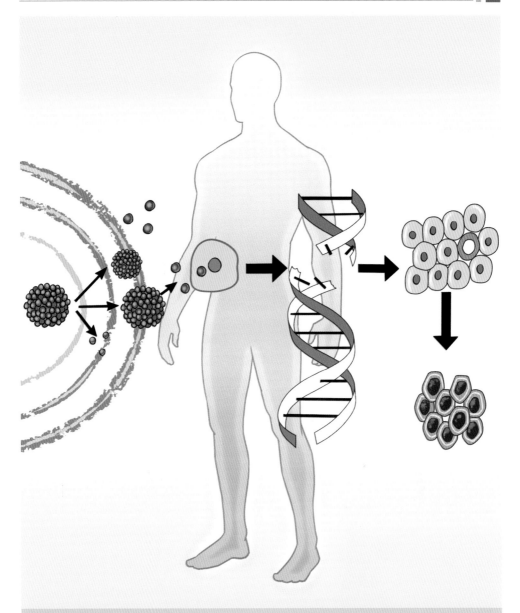

　　核事故对人体的伤害主要为核辐射，也称为放射性伤害。核辐射是原子核从一种结构或一种能量状态转变为另一种结构或另一种能量状态过程中所释放出来的微观粒子流。核辐射可以使物质电离或激发，故称为电离辐射。核爆炸和核事故都会产生核辐射。核辐射破坏人体细胞的正常功能，并可以产生致癌、有毒物质，使人罹患急性放射性疾病，在短期内死亡，或对下一代产生极大影响（致畸）。

　　目前，普通民众可能接触到的人工辐射源可来自：①核武器试验的沉降物；②核电站使用的核燃料，核燃料的生产、使用与回收的各个阶段均会产生"三废"，能给周围环境带来一定程度的污染；③医疗照射引起的放射性污染，已成为主要的人工污染源；④放射性物质使用单位因运输事故、遗失、偷窃、误用，以及废物处理等失去控制而对居民造成大剂量照射或对环境造成污染；⑤一般居民消费用品，例如带有放射性的建筑石材等。

　　如果将中国近年来因各种原因造成的放射性事故叠加,其伤亡或许堪比5级核事故。根据卫生、公安部门发布的公开资料,1988~1998年,我国共发生放射性事故332起,受照射总人数966人。其中,放射源丢失事故约占80%,丢失放射源584枚,有256枚未能找回。最近几年,国内放射性事故虽有减少,但仍时有发生,从1998年以来,平均每年都有数十起放射性事故。

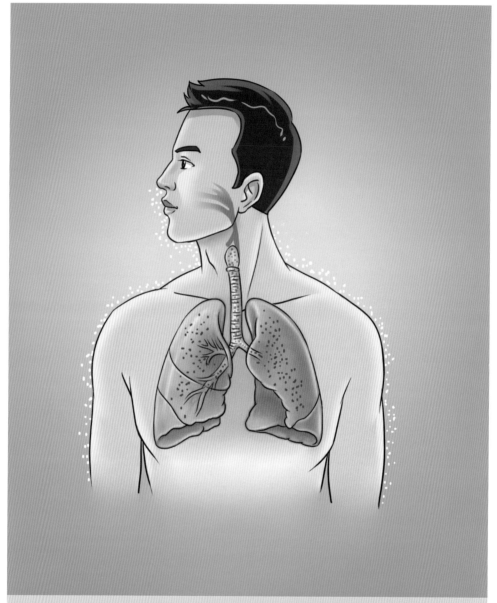

　　核辐射分为内辐射和外辐射两种。内辐射是指放射性物质通过呼吸道、皮肤伤口及消化道进入体内,并沉积在体内,在体内释出 α 粒子或 β 粒子对周围组织或器官造成照射,导致器官的损害。外辐射是指放射性物质附着在皮肤、衣服上,或近距离接触这些物质,由于放射线可穿透一定距离,导致身体损害。核事故中,放射性物质一般以空气和水为途径进入周围环境,在环境中经不同的照射途径,包括食物链最终到达人体。

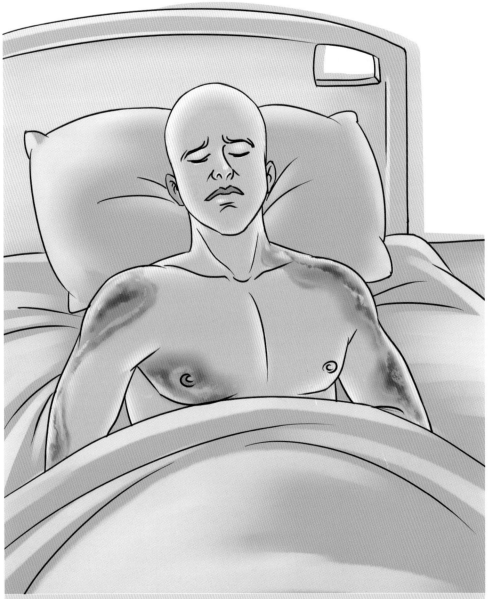

核辐射对人体的损害分为两类：确定性效应和随机性效应。

确定性效应是指接受的辐射剂量超过一定阈值才会出现的效应，其临床表现是呕吐、脱发、白细胞降低、各种类型的放射病，直至死亡。

随机性效应是指辐射剂量引起的癌症发病率增加，没有剂量阈值。原则上接受任何小剂量的辐射，都会引起癌症发病率增加。一旦诱发癌症，其病程和严重程度就与接受的辐射剂量无关了。

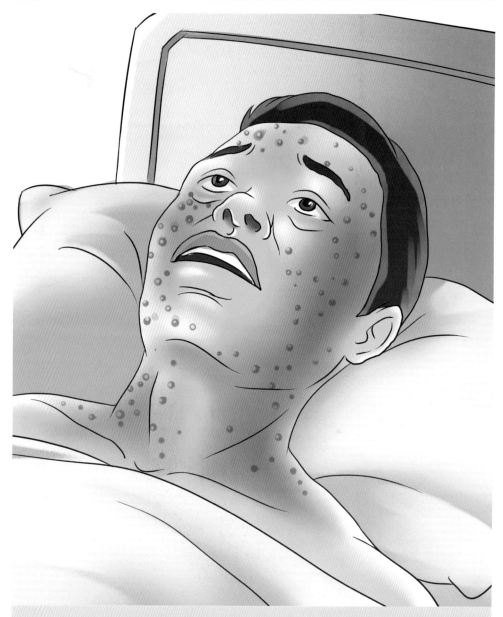

　　人体如果短时间内遭受大剂量电离辐射会引起全身性疾病，称为急性放射病。大剂量电离辐射会对人体各个器官系统造成损伤，根据主要受损脏器和症状，分为：①骨髓型急性放射病，患者多在 2 周内死于严重感染和出血；②肠型急性放射病，患者多在 2~3 周内死于严重腹泻引起的脱水和多脏器功能衰竭；③脑型急性放射病，患者多在 3 天内出现循环衰竭和休克。

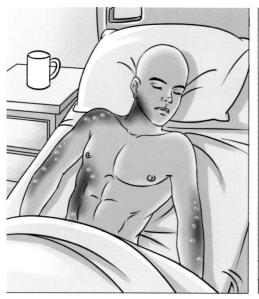

　　急性放射病的主要症状有频繁呕吐、严重腹泻、出血、高热、腹痛、肢体震颤及昏迷等。皮肤受到急性放射性损伤可有灼热感、红斑、水肿、水疱及溃烂等。此外，心血管系统受到大剂量辐射还可以引起心血管型急性放射病，患者很快死于心源性休克。急性病程中，患者迅速消瘦、精神萎靡，可以发生严重感染、出血和多脏器功能衰竭而死亡。

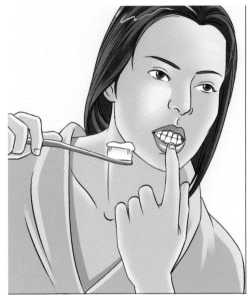

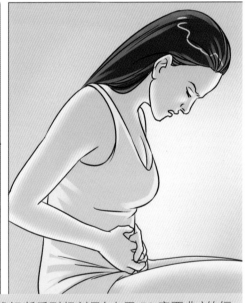

　　慢性放射病是指在较长时间内连续或间断受到超剂量（大于 50 毫西弗）的辐射引起的全身性疾病，主要由 X 射线、γ 射线和中子等辐射引起。当累计剂量达到 1500 毫西弗以上时，可发生以造血组织损伤为主的表现，并伴有其他系统症状，包括神经系统症状（乏力、头晕、记忆力减退等）、出血倾向（牙龈渗血、鼻出血、皮下瘀斑等）、皮肤改变（毛发脱落、长期不愈合的溃疡等）；男性患者有性欲减退、阳痿，女性患者出现月经失调、痛经、闭经等。

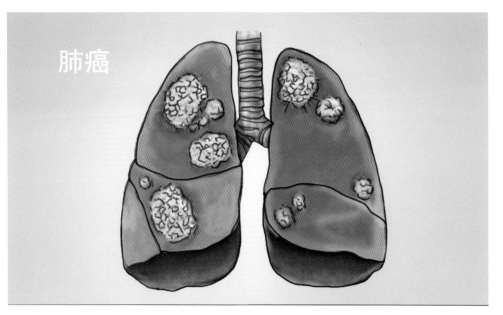

肺癌

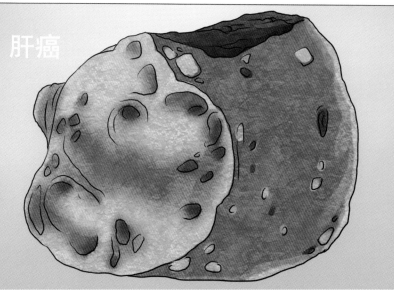

肝癌

　　不同的放射性核素具有不同的理化特性,引起细胞突变,进而致癌。进入体内后,可引起全身和(或)局部器官损害的双重表现。放射性碘主要集中在甲状腺,可引起甲状腺疾病,甚至甲状腺癌。放射性镭、锶等为亲骨性核素,可沉积在骨骼而引起骨痛、病理性骨折、骨坏死和骨肉瘤。铀主要沉积在肾脏,损伤肾脏;放射性氡可诱发肺癌。

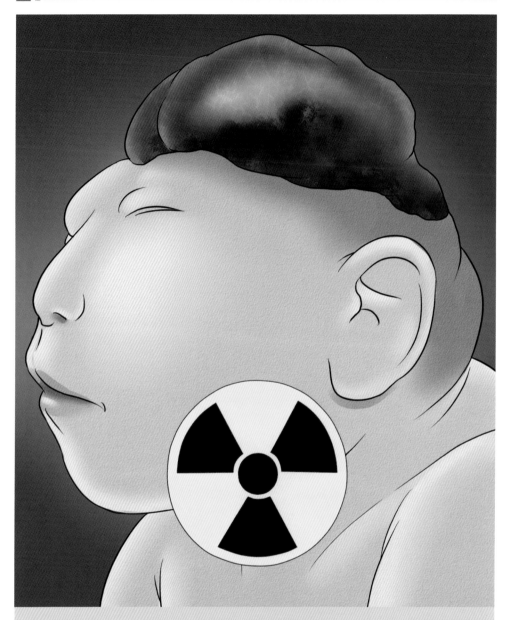

　　放射性物质通过电离作用破坏细胞的遗传物质——DNA，主要包括辐射致癌、寿命缩短等方面的损害以及遗传效应等。受广岛、长崎原子弹辐射的孕妇，畸胎发生率增加。

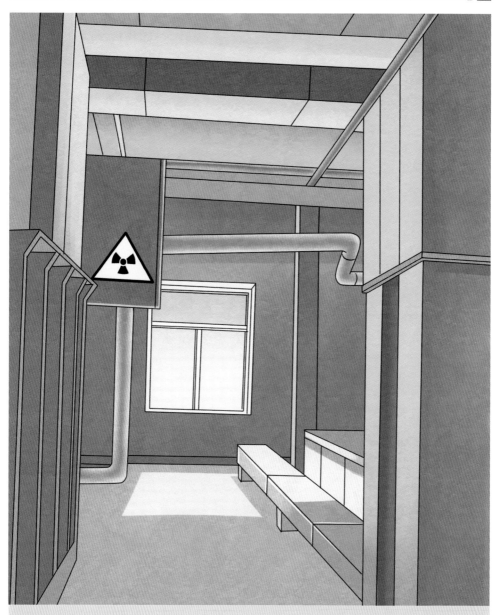

　　2004 年 10 月 21 日，山东济宁一家私营辐照厂自行建造的钴 -60 辐照装置出现故障，两名工作人员未经监测即进入辐照室工作，后分别于 33 天和 75 天后因多脏器衰竭身亡。事故发生原因：①辐照装置的安全未达到国家标准；②运营单位管理不严，规章制度和操作规程不健全；③操作人员缺乏必要的安全防护知识，违章操作，进入辐照室前未进行剂量监测，未携带剂量报警仪和便携式剂量率监测仪。

　　20 岁的宋某是吉化集团的一名临时工。1996 年 1 月 5 日早上，宋某捡到一条白色金属链，顺手放进了裤兜里。他哪里知道，这条金属链是遗失的用于工业管线探伤的伽玛放射源——铱 -192，对人体有强烈的辐射作用，危害极其严重！当天上午，宋某开始剧烈呕吐。1 月 7 日宋某被送往北京市中国人民解放军 307 医院。这时，宋某的身体已被严重辐射，错过了最佳治疗时间。这个曾经是长跑运动员的英俊青年在短短的 3 天时间里就变成了奄奄一息的危重病人。

核辐射的逃生自救

　　发生核事故或放射事故，特别是有放射性物质向大气释放时，总的防护原则是"内外兼防"，具体包括两方面：①体外照射的防护原则：尽可能缩短被照射时间；尽可能远离放射源；注意屏蔽，利用铅板、钢板或墙壁挡住或降低照射强度。②体内照射的防护原则：减少放射性物质进入人体。当遭遇核辐射时，不要过于惊慌，通过科学的防护和自救措施，能够使机体的辐照水平降到最低，对人体并不构成严重的危害。例如简单地躲避在室内就能使辐照水平降低 50%~90%。民众对核技术的恐惧多数源自无知，正因为如此，让民众了解核辐射的知识就尤为重要。

核爆炸的主要危害:

（1）**光辐射**：烧伤皮肤、呼吸道、眼睛，甚至致盲；引起爆炸和火灾。

（2）**冲击波**：高压挤压人体，造成损伤或死亡；房屋倒塌。

（3）**早期核辐射**：引起急性放射病。

（4）**核电磁脉冲**：破坏电子设备。

（5）**放射性污染**：污染食物、大气和水源，引起放射病。

◉ **进入工事**

遇到核袭击时,发现闪光,即进入邻近工事,注意避开门窗、孔眼,避免或减轻二次伤害。

例如一次百万吨级氢弹空爆试验时,利用闪光启动,动物在一定时间内先后进入工事,均显示不同程度的防护效果。进入工事越快,效果越好!

⊙ **利用地形地物**

邻近无工事时，应迅速利用地形地物隐蔽，如利用土丘、土坎、沟渠、弹坑、桥洞和涵洞等，均有一定防护效果。例如，在一次百万吨级空爆试验中，隐蔽在120厘米高的土坎后和涵洞内的狗无伤存活，而在开阔地面上的狗受到极重烧冲复合伤，分别于伤后第2天和第4天死亡。

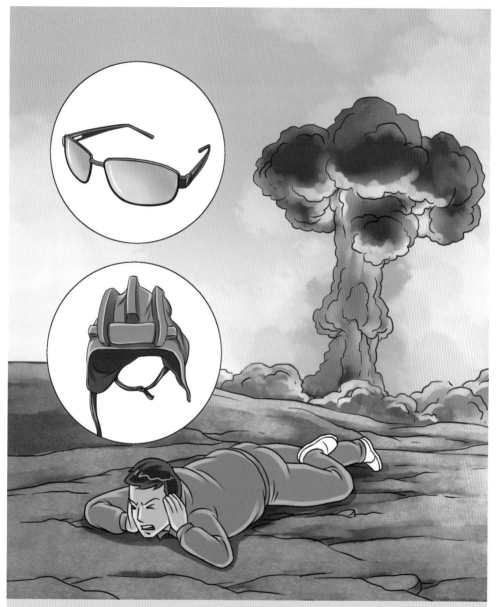

◉ **背向爆心就地卧倒**

当邻近既无工事又无可利用的地形地物时,应背向爆心,立即就地卧倒。同时应闭眼、掩耳,用衣物遮盖面部、颈部、手部等暴露部位,以防烧伤,当感到周围高热时,应暂时憋气,以防呼吸道烧伤。

偏振光防护眼镜对光辐射所致视网膜烧伤有很好的防护效果,可供观测、驾驶和执勤人员使用。坦克帽、耳塞或棉花等柔软物品塞于耳内,均能减轻鼓膜损伤。

◉ **核事故时，如果你正好在汽车内**

　　立即进入最近的建筑物内，特别是砖石结构或多层混凝土建筑的房屋内，待在建筑物内远比待在室外更安全，因为汽车不能提供良好的保障以躲避放射性物质。

◉ **听到核爆警报后**

听到警报后，家庭成员应迅速拉断电闸、关闭煤气、熄灭炉火、关好门窗、带好个人防护用品和生活用品，迅速有秩序地进入指定的人防工事。

来不及进入人防工事的人员要利用地形地物就近隐蔽防护。方法是：背向爆心卧倒，头夹于两臂间；双手交叉胸下，两腿并拢夹紧；双肘前伸支起，闭嘴、闭眼、憋气；胸部离开地面，重点保护头部。

◉ 避免间接损伤

　　室内人员应避开门窗玻璃、高大柜架和易燃易爆物体，在屋角或靠墙（不能紧贴墙壁）的床下、桌下卧倒，可避免或减轻间接损伤。

◉ **体外照射的防护原则**

当放射性物质释放到大气中形成烟尘时,要及时进入建筑物内,关闭门窗以及风扇、空调等通风系统;用铅板或钢板遮挡门窗;避开门窗等屏蔽差的部位隐蔽。如果有可能,最好停留在上风方向,因为放射性颗粒会顺风而下。尽量不要出门,特别是阴雨天气时。

◉ **体内照射的防护原则**

　　避免食用被放射性尘埃污染的食物；减少放射性物质的吸收；如果已经有放射性物质进入人体，应增加排泄，保护重要器官。清除污染，减少体内污染的机会。

　　具体措施：如果核事故释放出放射性碘，应在医生指导下尽早服用稳定性碘片。服用量成年人推荐为 100 毫克碘，儿童和婴儿应酌量减少，但碘过敏或有甲状腺疾病史者要慎用。

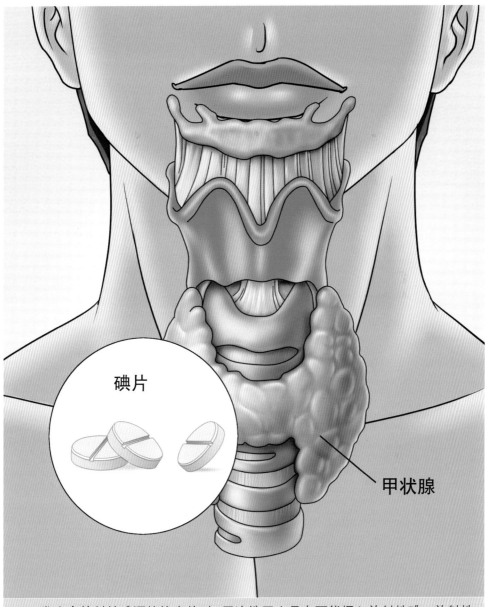

碘片

甲状腺

发生含放射性碘源的核事故时，周边地区人员有可能摄入放射性碘。放射性碘被摄入后，主要沉积在甲状腺内，导致甲状腺受到照射，引起甲状腺疾病，甚至甲状腺癌。服用碘片的目的是使甲状腺中的碘达到饱和，及时服用稳定性碘片可减少甲状腺吸收放射性碘。在空气中的放射性碘到来之前 0.5~1 小时服，可以完全预防放射性碘在甲状腺聚积。碘片的服用要根据相关机构的指示，只有相关机构在评估事故状态以后才能决定民众是否需要服用碘片，不能仅凭个人主观臆断或因恐惧而擅自服用。

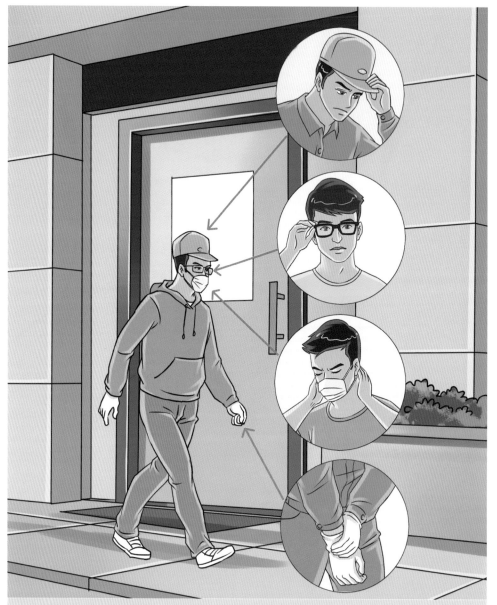

◉ **核辐射逃生自救**

（1）进入空气被放射性物质污染严重的地区时，要对五官严防死守。例如，用手帕、毛巾、布料等捂住口鼻，减少放射性物质的吸入。

（2）穿戴帽子、头巾、眼镜、雨衣、手套和靴子等，有助于减少体表放射性污染。

（3）从室外进入住宅前脱去外面的衣帽、鞋子等，把脱下的衣物装进袋子中扎紧袋口，放到偏僻处，以保证室内是无污染区。

如何脱衣服

从屋外进入屋内时，去除衣服外层。仅仅这项举动，就可以去除体表高达90%的放射性物质。

脱衣服时，动作要轻柔，不要抖动，以免把放射性灰尘抖散，污染室内环境。把脱下的衣服放入塑料袋或其他密封容器中，然后把放射性污物包放置在远离其他人和宠物的地方，联系相关机构，交由专业人员进行进一步处理。

切记：不要随意扔弃在街头。

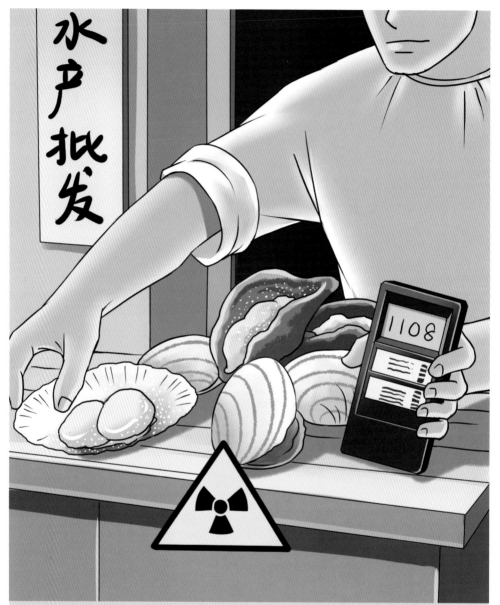

（4）要特别注意，不要食用受到污染的水、食品等。

不吃被污染的食物，不喝被污染的水，以防间接摄入放射性物质。准备好一定量清洁的水和食物，放在密闭容器内或冰箱里。听从当地主管部门的安排，决定是否需要控制食用当地的食品和饮水。

污染区内的食物要反复冲洗和剥皮，而且必须经过专业技术人员检验符合食用标准后方可食用。

（5）如果事故严重，需要居民撤离污染区，应听从有关部门的命令，有组织、有秩序地撤离到安全地点。

撤离出污染区的人员，应将受污染的衣服、鞋、帽等脱下存放，进行监测和处理。

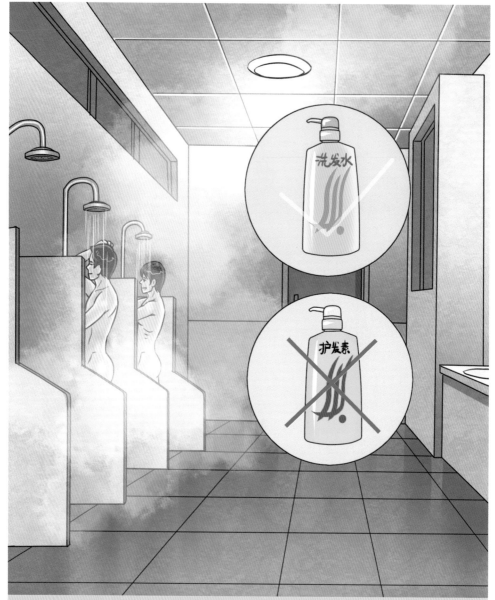

（6）**清洗：**放射粉尘沾染在皮肤上，会引起皮肤红肿。不必惊慌，应尽快脱掉被污染的衣服，清除污染最好的方法是淋浴30分钟以上，轻轻地用大量肥皂彻底清洗全身，尤其是口鼻腔及毛发。清洗时，不要烫伤、擦伤、刮伤皮肤，因为完整的皮肤有助于保护身体内部免受放射性照射。

注意：洗头时用洗发水或肥皂，不要使用护发素，因为它会导致放射性物质粘到头发上。

如何擦洗

　　如果不能淋浴,用肥皂和大量的水在水槽或水龙头处擦洗手、脸和身体的暴露部位。如果没有水槽或水龙头,可以用干净的湿布、湿纸巾等擦拭身体暴露部分,特别是手和脸。轻轻擤鼻涕,并用干净湿布或湿纸巾擦拭鼻孔、眼睑、睫毛和耳朵等处。

　　擦拭后的纸巾或毛巾应放在一个塑料袋或其他密封容器中,然后把放射性污物包放置于远离其他人和宠物的地方。切记:不要随意将放射性污物包扔弃在街头。

（7）**喝水**：如果已经有放射性物质进入人体，可以大量饮水，促进某些放射性物质尽快排泄出体外。

⊙ **换上干净的衣服**

遮挡严实且放置在衣柜或抽屉中的衣物未被放射性物质污染，是安全的。

切记：晾晒在阳台、窗台等暴露空间的衣物是放射性污染物，不能穿。

◉ **如何处理宠物**

如果可以,人和宠物都应该待在室内。

为宠物准备 24 小时的食物,确保水和食物的安全。

如果宠物从室外进入室内,应彻底淋浴清洗毛发。

在应激条件下,动物会发生情绪异常,加强观察,减少动物和人之间疾病的
传播。

◉ **科学的信息来源**

一旦出现核事故,如何获取尽可能多的可靠信息:

(1)**不轻信**:要以政府发布的信息为准,不信谣,更不要传谣。

(2)**不恐慌**:学习核电科普知识,掌握正确的防护方法,不惊慌失措。

(3)**不盲目**:服从职能部门的统一指挥,不自行其是、盲目行动。

（4）随时携带一个用电池的收音机收听具体指令。
注意广播、电视、手机信息等政府媒体对事故的跟踪报道，等待通知。

放 射 防 护

国际放射防护委员会提出防护的基本原则是放射实践的正当化、放射防护的最优化和个人剂量限制，这三项原则构成了剂量限制体系。放射性工作的正当性是指对人群和环境产生的危害远远小于获得的利益；使放射性和照射量达到尽可能低的水平，避免一切不必要的照射。要求对放射实践选择防护水平时，必须在由放射实践带来的利益与所付出的代价之间权衡利弊，以期用最小的代价获取最大的净利益。在放射实践中，不产生过高的个体照射量，保证任何人的危险度不超过某一数值，即必须保证个人所受的放射性剂量不超过规定的相应限值。

◉ **设置放射警示标志**

（1）存放和使用放射源的场所应当设置放射警示标志。附近不得放置易燃、易爆、腐蚀性物品。

（2）看到有电离辐射标志的场所，提示该处存在放射源，未经许可，不要乱闯，避免暴露。

◉ 安全的建筑材料

多数石质建材中天然放射性很低，对公众不会造成危害，完全可以安心地使用，但个别建材受了放射性物质的污染，其含量很高，将对公众造成危害。最好在房屋装修前，进行放射性本底检测；选购建材时，必须向经销商索要所选产品放射性检验报告。对没有检测报告的石材和瓷砖产品，最好不要购买。已经装修完的房间，可请检验机构到现场进行检测，如果放射性指标过高，必须立即采取措施，进行更换。

◉ 加强放射源的行业管理

（1）放射源的采购、监督、保管、审核和使用情况都要由专人负责,做好详细的登记。

（2）做好放射源的安全监护、维护和维修。

（3）建立好库存制度,检修期间、停产期间、放射源采购前后和报废后,都要有详细的记录,避免丢失。

（4）放射源库房设立明显的电离辐射防护标志牌，闲人免进。放射源的包装容器上应当设置明显的放射警示标志并配有中文警告文字。

（5）辐照设备或辐照装置应有必要的安全联锁、报警装置或者工作信号，建立安全保卫制度，防火、防盗、防丢失、防泄漏。

（6）发生放射源丢失、被盗、火灾和放射性污染事故时，应在第一时间向当地政府、环保部门、公安部门报告。

◉ **加强放射源的环境监督**

（1）废弃的放射源要送往专门的对已失效的放射源进行存放的放射源库，使用单位要向当地环保部门申请，送到指定的放射源库保存，不得自行保存，以免丢失。

（2）居民不要擅自去捡来历不明的金属，特别是一些亮晶晶、夜间发光的物体。

◉ **严格遵守放射防护制度**

进入放射性污染区时，一定要严格遵守放射防护和操作原则，包括：①使用防护器材；②利用车辆、工事、大型兵器和建筑物进行防护；③服用碘化钾；④遵守沾染区的防护规定；⑤洗消和除沾染。

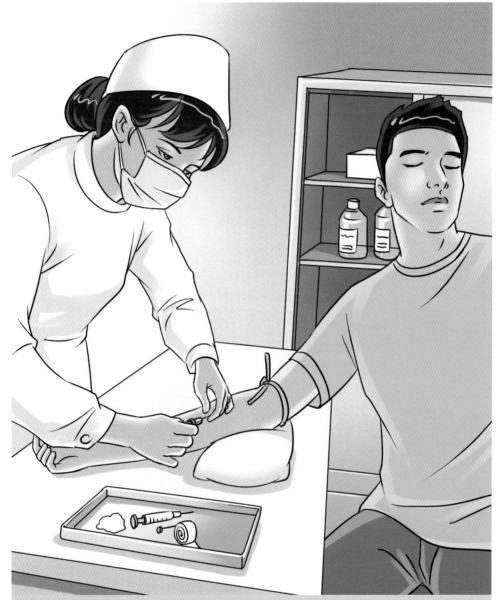

⊙ **加强放射性从业人员的健康监督**

　　严格执行中华人民共和国原卫生部令第 55 号《放射工作人员职业健康管理办法》中规定的放射工作人员的条件：①年满 18 周岁；②经职业健康检查，符合放射工作人员的职业健康要求；③放射防护和有关法律知识培训考核合格；④遵守放射防护法规和规章制度，接受职业健康监护和个人剂量监测管理；⑤持有《放射工作人员证》。

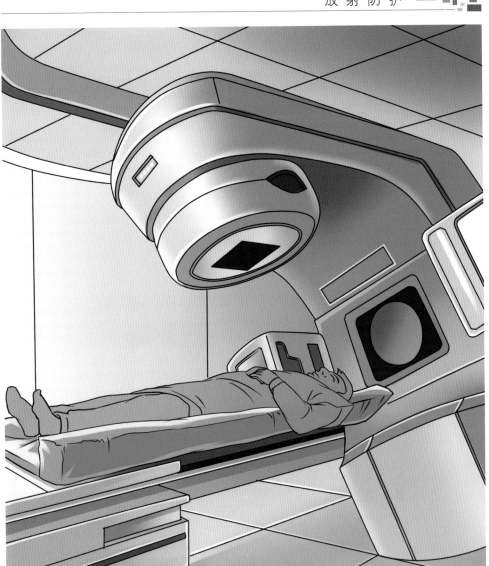

⊙ **合理应用医源性放射技术**

正确认识医疗体检,能通过简单手段完成的检查,不用进行放射诊断,例如胸片;正确把握诊断和治疗所使用的放射剂量,避免医源性人体损伤。孕妇接受放射性诊断或治疗时,要保护腹部。

原子能科学技术是人类最伟大的发明之一，目前已经深入到生产生活之中。我国核工业产值 2009 年约 1000 亿人民币。世界核技术应用产业规模每年以 20%的速度增长。

科学技术是一把双刃剑，只有正确、正当利用，才能为全人类谋福祉。科学认识核技术，科学利用核技术，让核技术造福人类，是全球成千上万核科学工作者的共同奋斗目标。